筑境

中国精致建筑100

筑境

中国精致建筑100

古城常熟

王建国　撰文／王建国　高鹏　摄影

中国建筑工业出版社

出版说明

中国是一个地大物博、历史悠久的文明古国。自历史的脚步迈入新世纪大门以来，她越来越成为世人瞩目的焦点，正不断向世人绽放她历史上曾具有的魅力和光辉异彩。当代中国的经济腾飞、古代中国的文化瑰宝，都已成了世人热衷研究和深入了解的课题。

作为国家级科技出版单位——中国建筑工业出版社60年来始终以弘扬和传承中华民族优秀的建筑文化，推动和传播中国建筑技术进步与发展，向世界介绍和展示中国从古至今的建设成就为己任，并用行动践行着“弘扬中华文化，增强中华文化国际影响力”的使命。从20世纪80年代开始，中国建筑工业出版社就非常重视与海内外同仁进行建筑文化交流与合作，并策划、组织编撰、出版了一系列反映我中华传统建筑风貌的学术画册和学术著作，并在海内外产生了重大影响。

“中国精致建筑100”是中国建筑工业出版社与台湾锦绣出版事业股份有限公司策划，由中国建筑工业出版社组织国内百余位专家学者和摄影专家不惮繁杂，对遍布全国有历史意义的、有代表性的传统建筑进行认真考察和潜心研究，并按建筑思想、建筑元素、宫殿建筑、礼制建筑、宗教建筑、古城镇、古村落、民居建筑、陵墓建筑、园林建筑、书院与会馆等建筑专题与类别，历经数年系统科学地梳理、编撰而成。本套图书按专题分册，就其历史背景、建筑风格、建筑特征、建筑文化，结合精美图照和线图撰写。全套100册、文约200万字、图照6000余幅。

这套图书内容精练、文字通俗、图文并茂、设计考究，是适合海内外读者轻松阅读、便于携带的专业与文化并蓄的普及性读物。目的是让更多的热爱中华文化的人，更全面地欣赏和认识中国传统建筑特有的丰姿、独特的设计手法、精湛的建造技艺，及其绝妙的细部处理，并为世界建筑界记录下可资回味的建筑文化遗产，为海内外读者打开一扇建筑知识和艺术的大门。

这套图书将以中、英文两种文版推出，可供广大中外古建筑之研究者、爱好者、旅游者阅读和珍藏。

目录

古城常熟

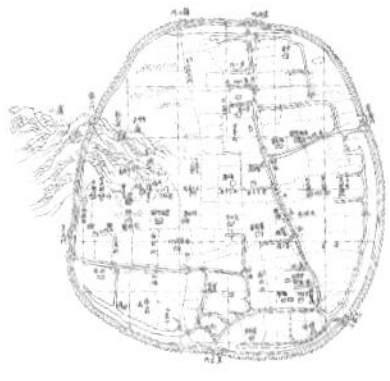

常熟是地处长江三角洲的中国著名历史文化名城，有着3000多年的历史。这座古城得益于得天独厚的地形、地貌和自然条件。她环绕虞山东麓，城内水道纵横、水陆平行、河街相邻，整个城市依山临水，名胜古迹众多，是一座典型的自然山水与城市交融一体的江南水乡古城。

一、人杰地灵，鱼米之乡

常熟地处长江三角洲，北濒海临江、东邻太仓，南接原吴县，西和西北则与无锡、江阴、张家港接壤。她是著名的历史文化名城，迄今已经走过了三千多年的沧桑岁月。

常熟古城环绕虞山东麓，城内水道纵横、水陆平行、河街相邻，整个城市依山临水，山明水秀、风景优美，自古人文昌盛、胜迹众多，是一座著名的江南水乡城市。因由仲雍（虞仲）而得名的虞山位于古城西北隅；以吴王夫差之“梧桐园”而得名的“琴川”运河贯通古城南北，故得先贤“七溪流水皆通海，十里青山半入城”的褒赞，它形象地勾勒出古代常熟最典型的城市形态特征。

常熟之所以成为一座历史文化名城，首先得益于得天独厚的地形、地貌和自然条件。常熟襟江带湖、山水相间、土地肥沃、岁无水旱、交通便利，且日照充足，雨泽丰沛，雨热

图1-1 尚湖

地处常熟古城西郊，相传姜尚避纣隐钓于此，故名。尚湖面积8平方公里，水面平照如镜，碧波荡漾，水边芦苇丛生，堤上槐柳成荫，兼之借景虞山，湖光山色，交相辉映，山川之美，古今共赏。尚湖曾因“围湖造田”被毁，1985年复湖还水，并重新置景经营，今为游憩踏青胜地。

同期。宋代先哲杨备有诗赞曰："县庭无讼乡闾富，岁岁多收常熟田。"明万历《皇明常熟文献志》认为，常熟名称出自县内地势"原隰异壤，虽大水大旱，不能概之为灾，则岁得常稔"。明弘治志书则有"财赋收入以苏州为最，常熟为苏州后户，而历代皆以常熟财富为最"的记载。近代，"常熟为江南产米中心"，是当时上海的主要粮食供应基地。

一方水土养一方人，这种优厚的自然环境条件哺育出了众多的历史名人，人杰地灵，交相辉映。早在春秋时，里人言偃便北学孔门、为孔子七十二弟子之一。他以文学和礼

图1-2 "湖甸烟雨"

常熟襟江带湖，土地肥沃，虞山之阳，尚湖湖畔有稻田千顷，水道回绕，间以村落，每当细雨雾霁，观赏袅袅上升的农户炊烟，烟雨蒙蒙，不啻是一幅绝妙的江南鱼米之乡泼墨山水画，虞山十八景中的"湖甸烟雨"由此得名。

图1-3 维摩寺/后页

虞山桃源涧之上，群翠环抱之中，坐落着一座南宋古寺——维摩寺（1162年始建）。是寺回廊曲折，清静幽深，登园内望海楼，极目吴天，美不胜收，每当拂晓之时，可观日出，明人有"满空晴旭照山林"之佳句。是虞山十八景之"维摩旭日"景点所在。

图1-4 绿楔

伸入古城的虞山东麓绿楔不仅在地形、地貌上与城市唇齿相依，而且是春秋以降邑内名流活动的集中场所，言偃、虞仲、萧统、张旭、王石谷、翁同龢……，不可胜数。先贤们对当地文化风尚有深远影响，也使常熟古城充满耕读社会的书卷气息和优美气质。

图1-5 跨河民居/对面页

作为水乡古城，常熟建筑的“亲水性”随处可见。琴川运河两岸民居构成的就是一幅典型的小桥、流水、人家的江南水乡景观，其匠心别具的跨河民居，更乃今之罕见。河旁石砌垒岸，水埠林立，色泽斑驳，好似无声叙述着常熟古往今来的掌故。

乐著称，“道启东南”，被后人尊为“南方夫子”。其后，梁代萧统亦对弘扬邑里文化作出了杰出贡献。特别是明、清两代，更是群英荟萃，文章魁首，累世不绝。历史上常熟共产生进士438名，其中状元8名，榜眼3名，探花4名。

北宋以来的常熟私家藏书在国内外产生了重要影响。明代赵琦美藏书室“脉望馆”收藏海内秘本；瞿氏“铁琴铜剑楼”多藏宋元善本，被列为清代四大藏书楼之一。在艺术方面尤其是金石、书画、音乐的创宗立派名闻海内。元代黄公望改革南宋画院画风，首创浅绛山水法，超妙入神，为“元四家”之冠。明

書臺懷古
洪庵主人

星壇七檜
李有郁

西城樓閣
洪庵

劍門奇石
有郁德

湖甸烟雨
李有郁

維摩旭日
李有郁

图1-6 虞山十八景（局部）

代严征擅古琴，创“虞山琴派”。在清初六大画家中，常熟占其二，即王石谷和吴渔山，特别是王石谷，融合南北两家，首创“虞山画派”，宗其法者甚众，影响画坛三百年。翁同龢的书法则被誉为“鲁公风骨”。此外，古今文苑著名人物亦灿若群星，如晚年娶了秦淮名妓柳如是的“东南之宗”钱谦益。仅民国以来，就有“孽海花”作者曾朴，及黄人、宗白华、庞薰琴、钱仲联、戴逸等，堪称代有才人，各领风骚。

名流们回报了养育他们的故土，他们播下了文化的种子。常熟历史上的名人足迹和人文活动与独特的自然景观相结合，给今人留下了丰富而弥足珍贵的名胜景致和建筑遗产，如以虞山及尚湖为主体的山、水、泉、涧、洞、崖等自然景观和古建筑共同构成的“虞山十八景”、商周的巫咸祠、仲雍和言子墓、虞山汉墓群、齐梁古刹兴福寺、南宋维摩寺、崇教兴福寺塔、明代遗构“彩衣堂”、清代太平军石营、昭明太子读书台、清代燕园及水乡民居建筑群等。这些人文景观和遗迹已成为常熟自古繁荣昌盛的有力例证，给常熟古城增添了异彩，成为镌刻时代风尚的历史丰碑。

二、从『枕山而城』到『腾山而城』

常熟是一个典型的经由“自下而上”的渐进模式发展起来的历史名城。文献记载，常熟夏商时属扬州之域，为北吴之境。商末泰伯、仲雍让国南来，华夏文化开始传播，“吴人义泰伯，归为王，号勾吴”。汉常熟始有乡的建制，“汉，吴县有虞乡”。西晋太康四年在今址建海虞。因濒临大海而得名。东晋咸康设南沙县治于福山，梁大同六年改名常熟。隋代并海虞入常熟。唐武德七年（624年），“始迁虞山之下”（《旧唐书》）。以后城址一直未变，沿迄至今。

常熟城在草创时期形制简陋，周长仅“二百四十步，高一丈、厚四尺”，且“列竹木为栅、无城楼雉堞之雄”（《文献通考》），宋皇室南迁临安（杭州），常熟因北滨长江，武备紧要，故建城垣固之，并设城门五座，“城郭之制略备”，元末张士诚升常熟

图2-1 城市鸟瞰
1978年拍摄的航空遥感照片，清楚地揭示了“十里青山半入城”的独特城市形态和古城基本由护城河环绕而成的城市轮廓，南门外曾繁荣一时的坛上和总马桥传统商业区亦依稀可见。

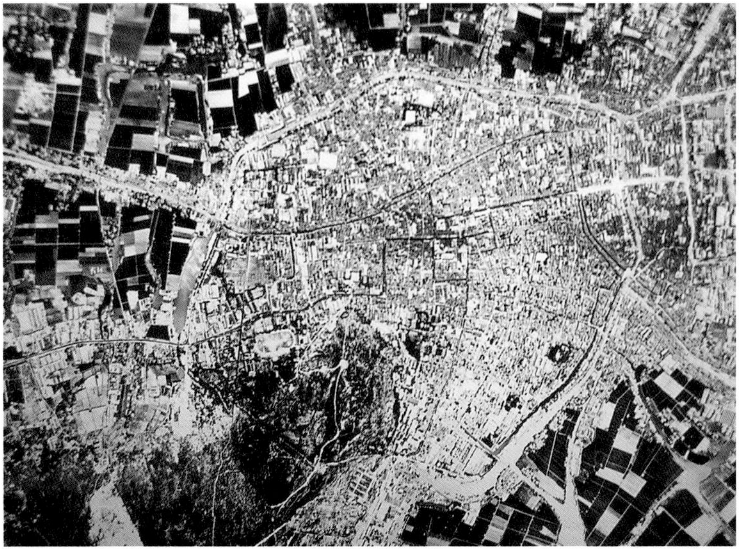

图2-2 古城远眺

由虞山言子墓道眺望古城。南宋方塔及虞山东麓构成的空间犄角呼应关系显露无遗。近处新建之虞山饭店，体量稍大，然风格、尺度和细部仍不失典雅精致、和谐统一。

图2-3 明代常熟地图

明弘治年间，城墙尚未“腾山”，极目亭（即辛峰亭）尚在虞山门之外。（摘自明弘治《常熟县志》）

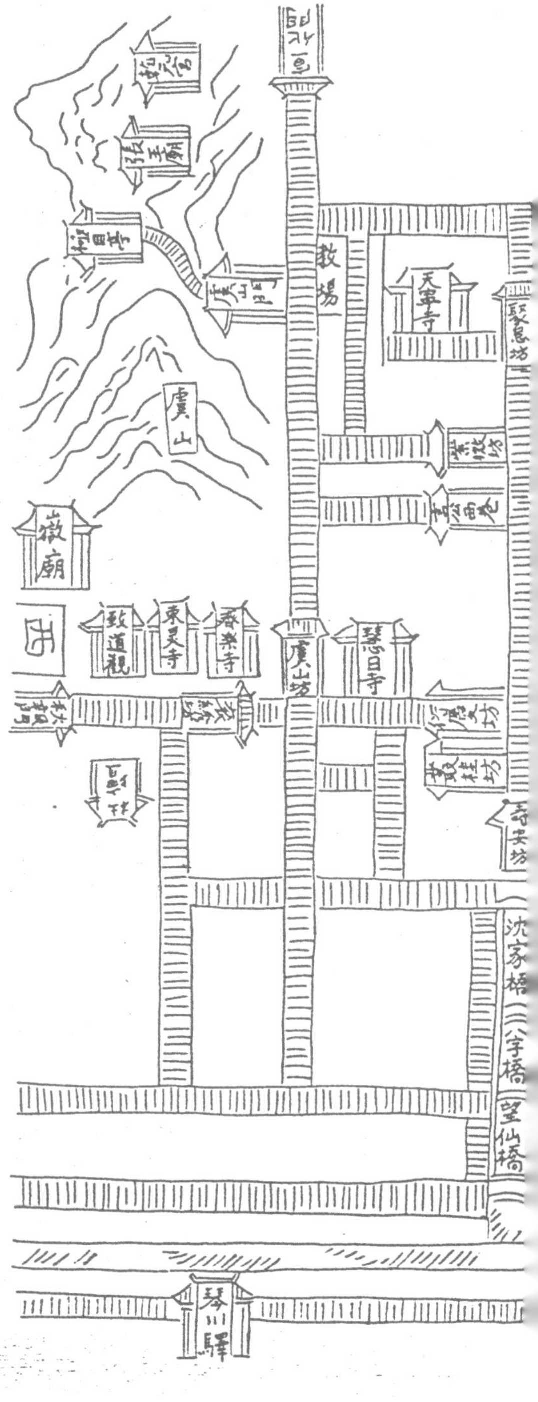

縣境舊圖

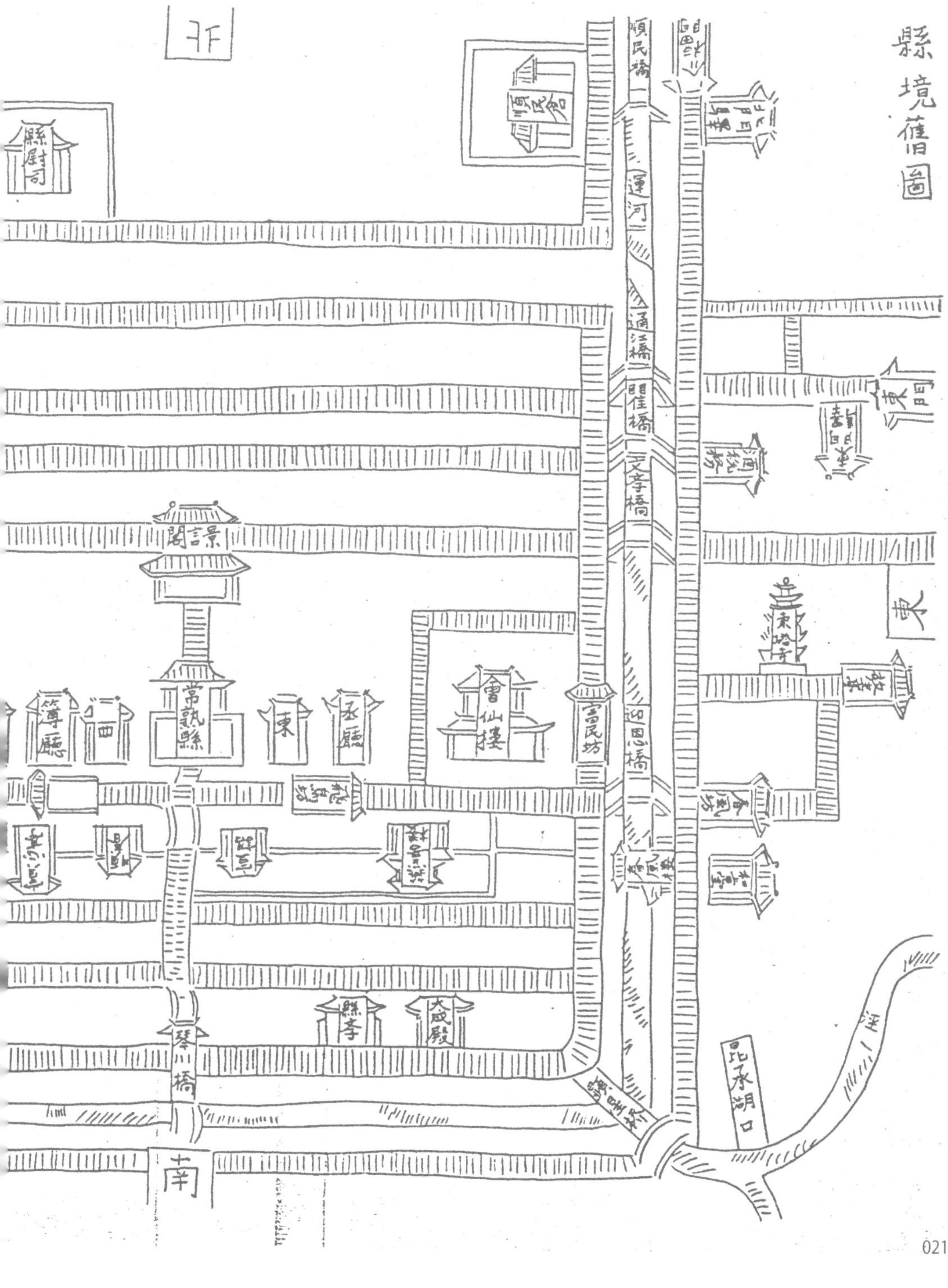

为州，并将城墙改为砖砌，“周九里三十步，高二丈二尺、厚一丈二尺”，此时，常熟城垣建设已经逐渐向虞山东麓缓坡层发展，人称“城半在山高”（《重修常昭合志》）。明永乐至成化年间，城垣失修颓圮，加之灾年乡民饥馑，纷纷挖砖兑粮，至嘉靖三十年（1551年），城址被夷为平地，但当时居民仍很多，城域边界基本未变。

常熟“腾山而城”的独特形势是在特殊的历史背景下形成的。明代倭寇频频向我国沿海地区侵犯，攻城掠地，搜刮钱财，而此时的常熟已无城垣可守，嘉靖三十二年（1553年），知县王铁集议重新筑城，并于是年六月兴工，邑中富豪巨室集资修筑，历时五月建成，“周一千六百六十六丈，高二丈四尺，内外皆有渠，外渠广倍于内，惟西北环山而垣”（《琴川三志补记》），并建城门楼七座，除虞山门和镇海门外，余皆设水关。自此，常熟完成了从“枕山而城到腾山而城”的形态演变过程。

“腾山而城”主要意义在于，利用虞山东麓一定的高度来创造一个制高点，以使军事扼守和进攻处于有利地位。《重修常昭合志》曾这样记载：“虞山在县治西一里”，“山势自西北来中，多岩壑起伏，如卧龙四望，形势各异，旧时城枕山麓，山南北道皆在城外，自改廓邑环岭为垣，而虞山一角遂分胜于百雉之内外矣”。又云：“城加于山乃古人守御之深计，据山所以固一城者也是腾山而城”。不难

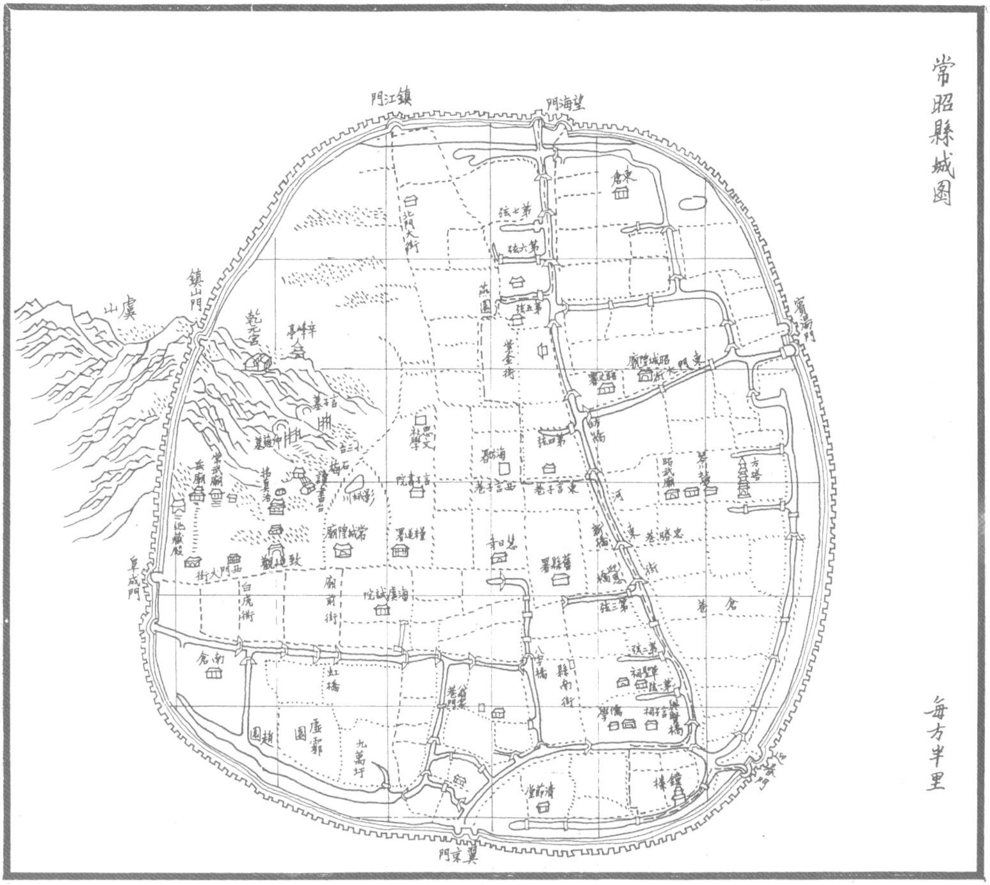

图2-4 清代常熟地图

“腾山而城”以后的古城，设防完备。以南北向琴川河道为界，常熟、昭文两县同城分治，是为中国古代城市建设所少见。

设想，王铁若不去据高扼守，而让外来倭寇占领，居高临下，顺势俯攻，那常熟就很难守得住了。“十里青山半入城”的形态格局，就是在此时形成的。直到清末，城垣形制尚较完整。从20世纪始，城垣渐失修塌颓，延至“文革”，已荡然无存，但用地形态突出了城圈。

在常熟古城近千年的发展历史中，明清曾有一段蓬勃的形态扩张和商品经济发展时期。至少不迟于明末，常熟始出现商品经济萌芽，城市形态亦随之有一定的增长。作为水乡城市，明清常熟城的形态生长主要依赖于河道这一交通运输载体，从民国时期首次测绘的地图上分析，这种生长有两个特点。

其一是，在各通水道的城门外，自发的从老城中心沿着扩展的水上交通线向外呈辐射状增长形态。元和塘、横泾塘、白茆塘、常浒河、福山塘等河道这时均成为用地增长的线形生长轴。位于南门外的元和塘历来是沟通常熟和中心城市苏州及上海的主要水路交通要道。历史上常熟城市形态突出城圈就是首先从南门这一入口咽喉开始的。迄清末民初，已初步形成了北起总马桥，南抵洙草滨，西至元和塘，东到陈家市的南门外的建成区，并兴建了风、雷、云、雨、山川和城隍神坛。至今一直市廛繁盛，尤其是逢集过节，百货云集，四乡农民竞相设摊，街道摩肩、水泄不通。大东门外的常浒河和泰安街是常熟联系浒浦、梅里等东乡农民的主要交通要道，这一时期亦得到了较大的发展。相比之下，常熟城北面发展迟缓，

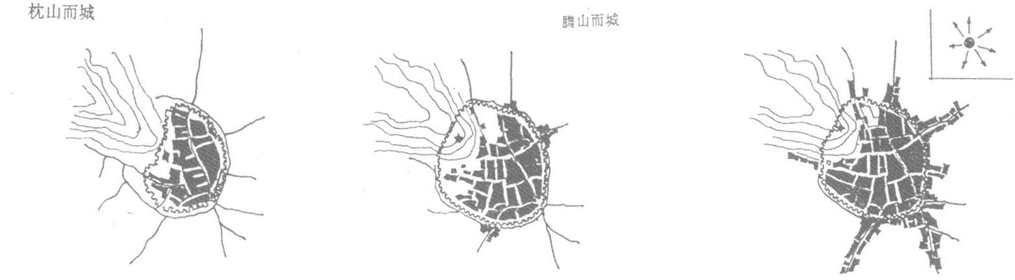

a. 唐武德　元至正的形态变化　b. 元至正　明万历的形态变化　c. 明末　清末的形态变化

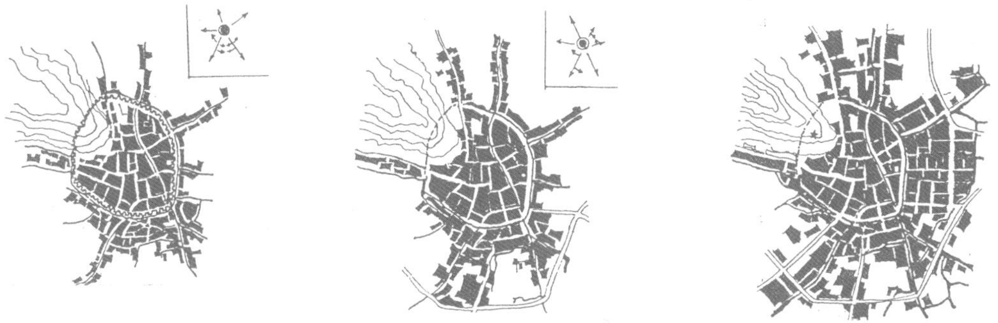

d. 清末　20世纪60年代的形态变化　e. 20世纪60年代、70年代的形态变化　f. 20世纪80年代以来的形态变化

图2-5 城市演变示意图

唐代“始迁虞山脚下”后常熟的城市形态演变过程。

“北旱门大街田塍间民居，不相鳞比”，但却“沿山多寺宇园亭”，名胜古迹遍布，一向是居民春秋佳日郊娱踏青的去处。

其二是，城市形态在突出城墙后即沿着外城濠（护城河）作环状线形发展。特别是自南门（翼京门，今总马桥位置）起环至大东门（宾汤门，今泰安桥位置）这一段，鱼行、竹木行、砖灰行、陶瓷行及粮行均沿市河、颜港密集设置，两岸成市。《重修常昭合志》载：“沿濠廛肆鳞次，舟航填咽。”若逢秋冬新谷上市，东门市河、颜港、西市河更是拥挤淤塞，人声鼎沸。

常熟城址自唐代后千年不变，说明城址选择的正确。迁址后的常熟城位于虞山东麓缓坡层，海拔平均比四周地面高2米左右，地势高爽，易于防涝泄洪，是常熟境内河网交汇的枢纽，四通八达，而原址则无此优厚条件。《管子》早在二百多年前就谈到“凡立国都（即城市），非大山之下，必广川之上，高毋近旱，而水用足，下毋近水，而沟防省”，常熟新址确立正是依据了这一原则。

据宋代《琴川志》记载，常熟城“东五十里入昆山县界，西四十里入江阴县界，南五十里入长洲县界，北五十里至扬子江为界”，可见，新址恰位于县域中心位置，这对于县域范围的集权管理、经济活动、商品流通和物资集散都十分便利，而且与江南中心腹地的行政、经济、文化和交通联系更趋紧密，距离大大缩短。原址福山地处海滨，今亦在长江之滨，历来是常熟县境中受台风、海潮袭击影响的前沿地带。同时，福山为军事要塞，从防御倭寇海上入侵的意义上讲，今址显然更为安全，而这种安全性对于一个城市的持续稳定发展十分有利。得天独厚的自然地形、地貌、水网、区位构成了常熟古城发育生长于现址的客观物质条件。以今天的眼光看，“腾山而城”不仅增加了军事设防能力，而且还扩大了古人在城市中的空间视域，增加了空间景观魅力，并因此成为以后历代城市建设的重要依据。反之，常熟历史上的繁荣又玉成了虞山人文景观和自然景观的进一步开发和创造。当熟古城建设和形态演变的历史经验，即使在现今仍有着积极的借鉴意义。

三、方塔传情

图3-1 方塔
蜚声东南的崇教兴福寺塔（方塔），不仅是常熟古城象征，还是邑里自古文风昌盛的标志，故在民间也称之为“文笔塔”。

常熟古城东隅塔弄的崇教兴福寺塔，俗称方塔。原有塔寺，为常熟著名古刹。方塔建于南宋建炎四年（1130年），距今已有八百多年。塔虽建于宋代，但却沿袭唐代方形楼阁式木塔的形制，为四面九层，砖木结构，逐层收分，曲线柔和流畅；面阔三间，明间设门洞，底层为拱券形，余为壶状，每层平座深0.9—1.1米不等。该塔从平地至刹顶总高62.26米，仰视雄伟壮观，气势磅礴，远眺则挺拔俊秀，高耸入云。方塔在1978年大修并重整成园。新筑了镜花阁和两香堂，堆筑“舒袖”、“展翅”假山，并植名贵花木。中国佛教协会会长赵朴初先生手书“崇教兴福寺塔”匾额一方，悬于园门之上，塔旁尚存宋代古井一口，古银

图3-2a 塔前大殿/左图

北观方塔，另有趣味，塔前大殿乃20世纪八九十年代从古城东郊总管庙搬迁而来，当时虽未完全竣工完事，但其强韧有力的屋角起翘，恰到好处的材料设色，几与方塔浑然一体。在不是绝对严格的意义上，这也算是一种古建保护的有效途径吧。

图3-2b 塔前大殿现状（张振光 摄）/右图

杏一株，井栏为青石雕琢而成，别具一格，与古塔相得益彰，互相增色。

方塔是常熟古城历史上的一个不朽杰作。它在城市空间中的标志作用实际上远远超出了塔的建筑本身，而这一构思和设计建造的直接动因便是常熟古城与虞山的特定空间关系。方塔始建于南宋，此时城垣尚未腾山，但城与虞山的相对空间位置已经形成。当时常熟的文用禅师精通有关城市建设的“宫宅地形之术”，认为“兹邑之居，右高左下”，现已“失宾主之辨”。意思是说作为一座城市，皇帝和官员面南而向，西应低于东，否则就会违背封建等级制度和社会约定俗成。因此他向县令李闾之建议说“宜于苍龙左角（即城东）做浮图以胜之”，于是，“乃除沮洳（泥沼地），大筑厥地，而塔其上”，至咸淳年间，由侩法渊继续建设直到完成，“高九级迄至于今”。从方塔设计建造的原因上看，似乎是为了满足风水理论和社会伦理秩序，但实际上却很大程度地综

图3-3 方塔——地标/前页
方塔与虞山的相对位置在古代曾起过独特的空间认知作用。它是乡民凭棹入城的重要地标。也增加了古城与四乡在空间上的交流和亲近感。

图3-4 古城美景
从城东枫泾看古城，方塔与虞山东麓构成了极其优美的景致，可谓绣画天成。设想一下，若能移走左遏两幢五层高“方盒子”住宅楼和右边的红砖烟囱，那将是一幅多美的山水画呵。

合了城市空间景观和城市空间制高标志不对称均衡的设计意匠。后人在游辛峰陟瞻亭时曾这样写道：虞山“昂首城内，雉堞缭之……檐标达观亭矗起，与城东浮图参对，铃声互应，瑞气相接”。方塔与虞山在空间上相互呼应，似乎不停地咏唱出这一方水土之情。

然而，方塔虽建于城东，但具体定点仍有很多可能。通过对历史地图的分析研究和实地踏勘，可以证明，方塔现址的确定隐含着古人独特而深刻的构思，作为城市的空间标志，现址恰恰定位在五条主要河道交汇于城市的焦点上，于是方塔又成了古代交通路线的对景标志。当四乡农

图3-5 方塔与民居

在夕阳西斜的婆娑投影中，常熟古城东言子巷民居与方塔空间视廊的景观组织是那么自然贴切而充满匠心智慧。

民从元和塘、横泾塘、常浒河、枫泾及福山塘凭棹前往常熟城时，远远便可通过方塔与虞山的相对空间位置来辨识城市的方位和结构，方塔和虞山因此而成为常熟城市的象征。特别是辛峰亭建造和“腾山而城”后，这种不对称均衡的空间结构关系更加明确，更加稳固。这一关系的形成使常熟有限的城圈在空间上顿时扩大，同时改善了城市原有的山水形胜格局，奠定了常熟古城以后历代的天际轮廓线。

作为空间标志，方塔与虞山辛峰亭今天仍然以超然一切，昂首耸立的气势勾连互倚，可以从城市各处看到。方塔作为历史遗迹，沟通着古代人和现代人的情感，成为常熟人的骄傲。

图3-6　碑刻博物馆

方塔后院中新近建成的碑刻博物馆，收藏了宋至民国历代名碑700余通。包括元世祖忽必烈的《圣旨碑》，元四家之一倪瓒的《竹树图碑》，明代的《天文图碑》，文徵明书刻的《重建常熟县城记》等名碑。它在人文历史和空间规模方面进一步扩大了方塔的影响。

四、如弦琴川河，通海七溪水

图4-1 琴川河

琴川河自古就是古城货物集散的主要通道，也是维系邑人生活的命脉所在。多年前，笔者曾因民居调查而荡舟其间，深感琴川河具有浓郁的亲和感和空间感染力。

图4-2 水埠

琴川河两岸，隔不多远便有台阶下伸至水面，形成水埠，便于居民日常汲水、浣衣洗涤和生活必需品之运输。亦消除了狭长水巷景观的单调，加强了建筑与水面的联系，倍增水乡风光情趣。

在古代，城市的成长和结构，大都很坦率地表现出对环境某些要素和特质的依赖性，因为那时人们很难随心所欲地改变基地条件。常熟，作为江南一个水乡城镇聚落，其成长和发展说明了城市对水源的依赖性，这就是古城与琴川河的共生关系。琴川河在古代泛指常熟的自然水网体系，今天则狭义指贯穿古城区南北的唐代琴川运河及其分支。至今仍保留着恬静、纯朴、明静、清秀的水乡风光。

图4-3 琴川河两岸

琴川河空间蜿蜒曲折、宽窄不一、富有变化，宽处近10米，窄处则不足2米，两岸建筑虽斑驳零落，但具有良好的空间尺度感，呈现出完整、安详、祥和、平易的环境气氛，流露出邑人对生活的爱和满足。

琴川河源自虞山东南石梅山麓的焦尾溪，水向东南下泄，“北沿虞山山趾，贯络邑中”，其间巷道纵横，形似网络，主要排水横泾七条。排入琴川南北主干。因其形态酷似古琴七弦，故邑人誉之为“琴川河”。因琴川河北通福山塘，而福山古代濒海，故有“七溪流水皆通海”之称。自唐代起，琴川河便位于古城中心，横贯南北，一直是常熟古城的主要骨架。“利舟楫而可济往来，通江湖而无虞泛滥”。河上明代有七桥，清代有十一桥跨河而

图4-4 琴川河北段/对面页

自引线街始，至环城北路有一段比较开敞的河道景观，两岸驳岸齐整，树丛扶疏，形成了琴川河自南向北幽深与明媚的空间格调对比。

筑，现在有十四桥，并有古城东西交通主干方塔街横贯其上。清代的琴川河还曾是常熟和昭文县同城分治的界线，两县县署均临河而筑，因而还具有政治区划和地形学的意义。

琴川河是常熟古城内最重要的防洪泄滞河道，同时又是古城内居民生活组织、交通和商品交易流通的主要动脉。琴川古运河及其支流河网在历史上一直是常熟生存与发展赖以维系的命脉，而且还因此形成了具有鲜明特色的水乡城镇景观。从南到北，河道空间蜿蜒曲折，景观十分丰富，它具有明显的封闭和开敞的空间对比，明媚而幽深的情调对比，沿河多处可看到虞山辛峰亭和方塔，滨河修筑有古城内最长的河东街。其中琴川河北段有完整的石驳岸，空间较为开敞，其东岸为民居，西侧则沿河成市，岸柳成行，绿树婆娑，现为通江路。中段和南段两岸民居则鳞次栉比，户户紧邻，枕水而居，形态完整，水埠林立，踏级入水，空间有紧凑宜人的居家气氛和亲水的尺度。其中三处跨水民居，现在江南一带已属罕见，这些民居与琴川河中段和南段宽仅2米左右的水道结合，构成了江南珍贵而独特的水巷空间景致。南段现存迎恩桥则是历史上东乡人晋谒县署的必经之桥，具有一定的场所意义。

20世纪70年代以前，琴川河河水清澈，碧波粼粼，向为居民的生活汲水水源和小孩嬉戏游泳之地，同时又是四乡乡民进城贸易买卖的交通要道，小舟橹摇的吆喝叫卖声不绝于耳。琴川河水网体系对于常熟古城开发建设和居民

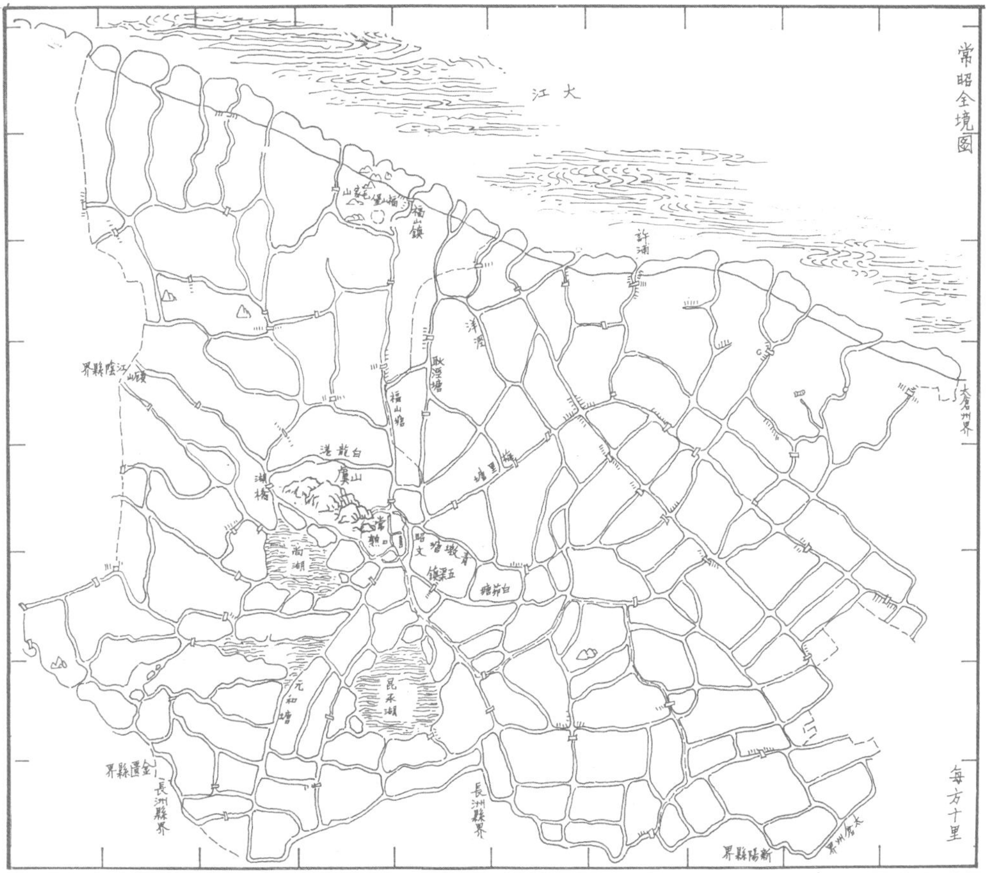

图4–5 清代常、昭水网体系

古代常熟城与四乡联系主要靠自然河道维系，图为清代常熟、昭文县境内的水网体系。

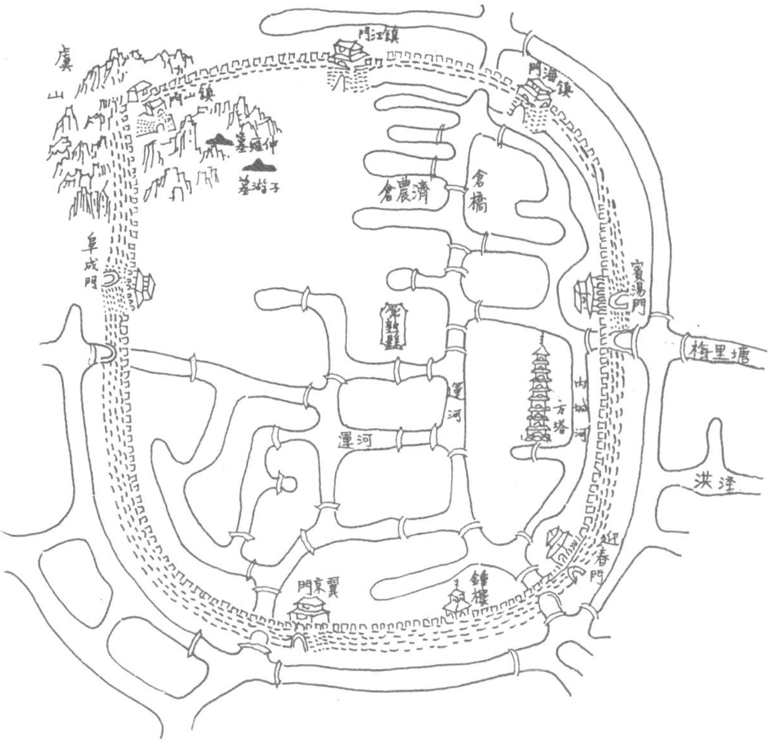

图4-6 常熟古城水网系统
常熟古城内由琴川河及其支流为主形成的水网系统。

起居活动的作用，在80年代以后逐渐衰微。现今遗存之两岸民居均以粉墙、青瓦为特色，码头、水埠为条石叠砌，原跨水桥梁多为石构，现已改为混凝土，由于年代久远和亲水缘故，两岸砖石缝隙长有青苔，建筑色泽沉着、浑厚。水体因近年城市排污而导致严重污染，日渐浑浊，80年代末，每天定时开闸放入外河河水冲洗，故水质复又清澈。虽然，昔日的琴川七弦，今天仅余二弦，“断弦还是续弦”，已经引起诸多有识之士的关注，但当地民众正日益认识到她对常熟作为一个水乡历史名城的独特价值。

五、虞山福地

虞山不仅有着崖裂如劈的剑门奇石，瀑水悬流的拂水晴岩等自然景观，而且自古就是常熟城市文化的发祥地。虞山古名乌目山，又名海嵎山，商末泰伯、虞仲（仲雍）南来建立勾吴，虞仲殁后葬于此，“县北二里有海嵎山，仲雍、周章并葬山东岭上”，虞山由此得名。其后，春秋言偃（言子），元代画坛圭臬黄公望，明代抗倭英雄王鈇，文学巨匠钱谦益，清代同光“两代帝师”翁同龢，“画圣”王石谷（王翚）等均留葬虞山，加之历代凭山而建的兴福寺、读书台、维摩寺、石营、乾元宫、祖师庙、辛峰亭等建筑，构成了虞山人文荟萃的历史景观。

虞山幽秀奇雄、重峦叠嶂，烟云杳霭、林木掩映，其山体自西向东绵亘十余里，“四顾道宫仙观，前后环列”，北可隔江“远眺南通狼山诸峰”，南可极目“姑苏邓尉，灵岩和阴山”；又可俯瞰昆承湖与尚湖，“沐日浴月，如夹明镜”。向东便是建筑逶迤纵横，万瓦鳞次栉比的常熟古城。前贤曾有“绿水环城入，青山到县分”和“山横秀野东南胜，天接澄湖上下光”等诗句形容常熟山湖景致的优美。历代许多文人墨客均依此题材，设景题咏，绘画传世。如唐宋有破山八景，桃源八景，文徵明的“虞山四景图”，董其昌的“虞山雨霁图”，王鉴的“虞山十景”图册等，经他们的描绘润色，以后更发展成“虞山十八景”，亦即：西城楼阁、普仁秋爽、昆城双塔、吾谷枫林、维摩旭日，湖甸烟雨、佛水晴岩、书台怀古、湖桥夜月、桃源春霁、降龙古涧、福港观

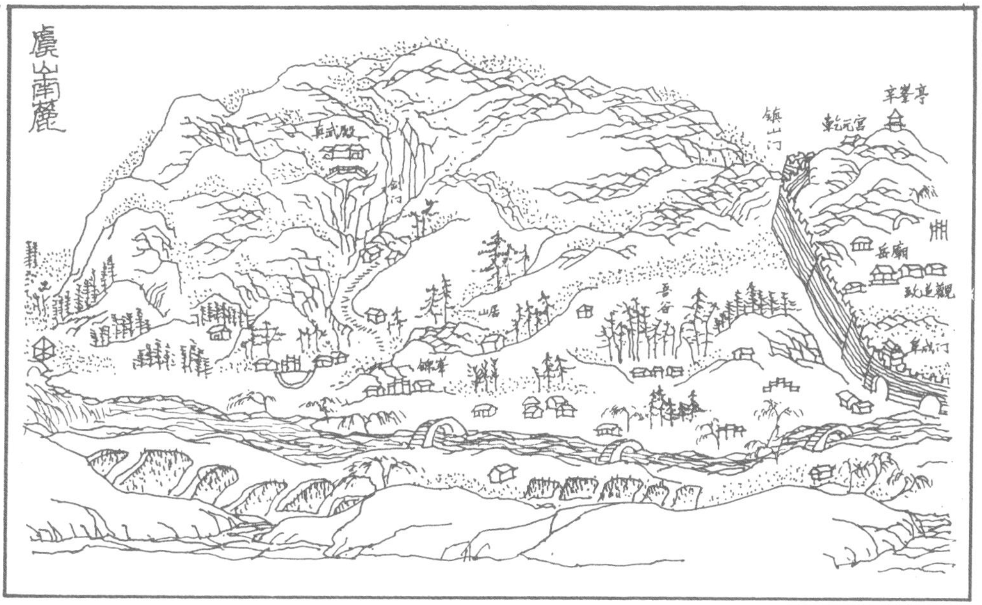

a

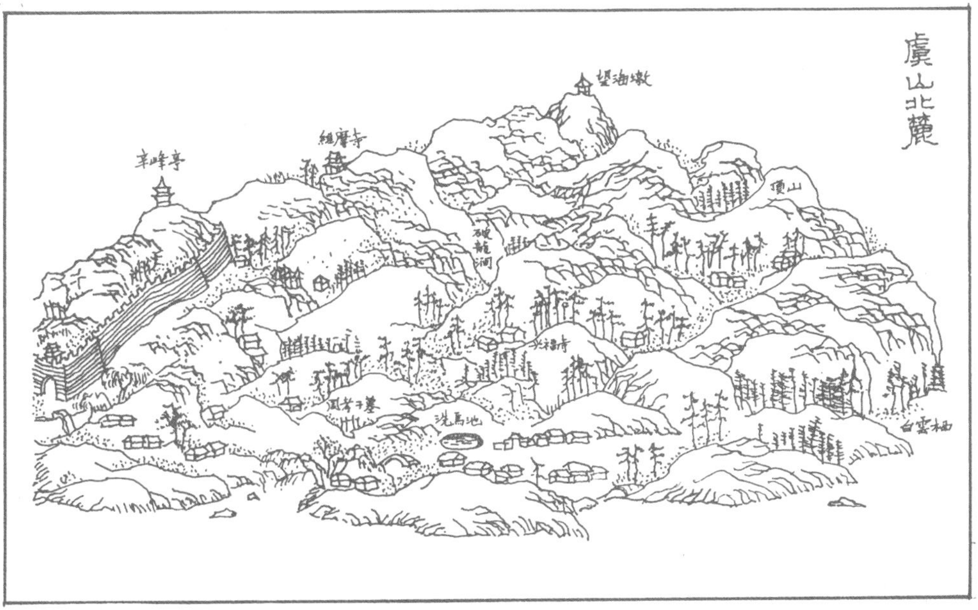

b

图5-1 虞山南麓图和北麓图

潮、破山清晓、星坛七桧、秦坡瀑布、剑门奇石、藕渠渔乐和三峰松翠。因虞山十八景蜚声海内，故人称“虞山福地”。

时过境迁，十八景中有些虽已不复存在，但虞山人文景观，特别是虞山东麓的历史建筑及其与方塔所构成的空间关系，不仅在古代，而且在今天都具有重要的认同功能，它是常熟“名城”最具魅力的特色之一。“腾山而城”的历史使得虞山东麓成为古城的一部分，同时也使依山而建、逶迤起伏的历史建筑，特别是言子墓和仲雍墓具有更为深远的文化寻根意义。“言子墓屹立山半”，气势雄伟，树木拥翠，是南方大型古墓葬之一；墓道依山就势，由下而上用石阶组织成空间序列。墓道始端为石牌坊，横额刻有“言子墓道”，坊内为影娥池，“文学桥”，过桥则为第二道石坊，榜题

图5-2 剑门
虞山之阳的剑门为十八景中自然景色最佳之处。此处崖壁如劈，谷深坡陡，人不可仰，石上刻有康熙御书“烟岚高旷”四字。剑门原为整石，高十余丈，直立山道旁，相传大禹治水，遇此石挡道，乃拔剑劈之，石破天惊，巨缝裂开，遂有剑门之称。

图5-3 剑阁

剑门顶端，明代曾建阁于此，后废。民国时在此建石亭，曰“古建阁”，聊志点缀。近年复又新建“剑阁”，登阁望远，南有湖甸烟雨，北观大江帆影。从尚湖观之，体形稍欠灵巧，但终为补阙，为虞山峰巅增添一新景。

图5-4 小三台

虞山东麓的小三台，自然质朴而富有野趣，乱石若群羊散布，中巨者，上镌刻先贤题“初平石”三字，传说昔黄初平曾履此石，又有三石鼎峙，如三景聚会，遂名“小三台”。

乾隆手迹“道启东南”；往上行，至重檐歇山半山方亭，高悬康熙所书之“文开文会”额，再上则达坟冢，墓碑上镌刻“先贤子游言公墓”。言子墓稍西则为“南国友恭”仲雍墓。说起仲雍，还有一段历史轶闻。仲雍原是周太王次子，因太公欲立幼子季历，故与兄泰伯同避江南，为江南君长，仲雍过世后留葬虞山，“远望仲雍而高坟萧瑟”。墓门设有“清权坊”，墓前则有“先贤虞仲墓坊”，枋柱镌楹联，“一时逊国难为弟，千载名山还属虞”。

今天，沿石级踏步经言子墓拾级而上，至辛峰亭，整个常熟古城及山与塔的空间关系便一目了然。虞山峰巅的祖师庙、维摩寺、剑门、齐女墓自古香火鼎盛，游人如织。东麓缓坡则是邑人上山进香、拜谒先贤必经的“门户”。同时，琴川河发源地焦尾溪亦位于此，可以说，虞山是常熟古城千年来赖以生存和发展的摇篮，它们的命运已经紧紧联系在一起，无怪乎邑人把常熟古城区取名“虞山镇”呢。

图5-5 石梅园/上图

小三台稍南，读书台之东，近年建成石梅园。是园环境清幽，方塘如鉴，山石嶙峋，林木秀丽，亭台楼阁均依山就势，规划经营因地制宜，沿廊拾级向上，渐入高处，有“琴川厅”，“抗倭轩”、“石梅亭”诸景。

图5-6 墓道/下图

言子墓道是虞山东麓之中心，规制完整，序列自东向西，沿石级迤逦而上，统一而富变化。先哲言偃北学孔门，尔后“道启东南”，功不可没，殁后留葬故里。在这里，今人依稀还能领略先哲“助人伦、成教化”的循循善诱，墓道入口广场，现为邑人晨练活动场所，可谓是另一种“古为今用”。

图5-7 仲雍之墓/上图

让国南来的吴王仲雍之墓，环境静谧，松柏拥翠，朴实庄重；墓道自由曲折而绝无斧凿。它与自然是那么贴近，以致不细心观察，就难以觅寻。从中让人们体验到的正是仲雍当年与百姓同躬耕、共创文明的内在精神价值。

图5-8 辛峰亭/下图

辛峰亭始建于宋，因观东、西两湖，名“望湖亭”，旋更名“极目亭”，明万历易今名沿迄至今。辛峰亭位于虞山东麓峰巅上，原在城外，“腾山而城”后，便与方塔成犄角呼应之势，并奠定了古城不对称平衡的空间格局。

六、曲折迷津道

图6-1 民居
常熟民居主要有两类：一是小巷深院民居，二是水乡独有的滨水民居。在坊巷空间组织上，曾在可识别性和对景方位上有过极富智慧的创造，后辛巷对主塔便是一例，惜今已被宽24米的通衢大道替代，古城宜人尺度遂遭重创。

常熟古城的发展轨迹基本上依循了修补式渐进模式，这从其土地分割形态便能察觉，愈早形成的空地，其土地分割愈不规整，且面积较大，地价较廉。随着聚居规模的增大，聚落内土地利用愈趋细密，分割愈为齐整，而且渐渐演变成密实、临街巷面较窄的狭长形地基。

常熟古城的形成年代、空间结构和环境特点与欧洲中世纪城市有不少相似之处。19世纪以前，常熟城市形态一直以一种适度的空间结构和规模在平缓地运动，其城市尺度和平面布局取决于居民依靠步行进行工作、生活和其他社会活动所需要的距离，从未超出所谓的“步行城市”尺度，这时的交通方式在维持城市规

图6–2 民居精品

老县场为旧县衙之所在，向为古城中心。毗邻老县场的县南街98号民居，风格典雅朴素，山墙高低起伏，体形错落有致，室内空间借景方塔、虞山，是常熟传统民居中的精品。

图6–3 滨水民居/后页

凭棹泛舟古城河溪，仿佛走入一幅生动的世俗风情画卷，两岸特色不凡的滨水民居所具有的亲水特征和如画景观，反映出古人经营水利的匠心和对美好生活的追求。

模的稳定性中起决定作用。所以城市空间密度很高，街巷道路狭窄，建筑则在技术手段可能的条件下尽量向高发展，浪费的土地亦较少。常熟古城的街巷系统正是在上述背景中逐渐由许多个体的自由设计创造而形成的。它有四个主要特点：（1）封建割据和私人占有性；（2）社会约定俗成的遵守；（3）有意或无意的空间景观处理；（4）空间形体的密实性和均质性。

古代城市特有的军事防范要求和社会生活组织，决定了居民的主要活动必须在城墙内进行。有限的地域使居民不得不以各种可能的手段去争取生存空间。手段之一就是侵占河道空间，这在水乡城市屡可见到。据文献记载，常熟的琴川河有不少河段在明清时曾被侵占，或建以“浮棚”，或“覆屋其上”，致使一度“不复通舟”。直到今天，琴川河上仍保留着三处跨河民居。据《越中杂识》记载，浙江绍

图6-4 昔日商肆

粉墙黛瓦，木构露明将墙面分割成有韵律的块面，这是江南民居的基本特色。从图中这些几近破落，但仍不失质朴之美的昔日商肆，能否想象当年南门外的坛上，曾是街巷摩肩，市廛繁盛的商业中心？

兴也曾出现过同样情况。这样的城市自然增长过程却意外地获得一种所谓的如画的街巷空间景观，它具有随机、自发、浪漫和视觉连续变化的特点。常熟街巷体系基本上是不规则的，没有明显的轴线，布满迷津，邑人谓“丁字路”多、“死巷”多，整个常熟老城几乎找不出一条笔直贯通的干道，今天已感十分不便。

图6-5 赵用贤宅

古城也不乏名人故居。明代吏部侍郎赵用贤宅，原轴线三组三进，规模宏大，总面积达400余平方米，其中侧厅为江南著名藏书室——脉望馆。据记载，脉望馆曾藏书5000余种，2万余册，其中《古今杂剧》242种，是研究中国戏曲史的宝库，抗战时为郑振铎发现，誉为“国宝”，后归于国库。

在古代常熟，陆上交通的主要方式是步行，货物集散运输则依靠城市水网体系来组织。这种“丁”字形交接的街坊道路在当时完全能满足居民自由亲切、悠闲自得的日常生活需要。不仅如此，这种蜿蜒曲折、迷津般的街道系统，在古代还是一种仅次于城墙的防御手段。亚里士多德就曾指出：“采用直线条的布局可能会增加城市的美观”，可是“从防御的立场来说，这样做可能是不现实的”。常熟的街道就是嵌入了这种本能的防备意识。这种街道系统使外来人陌生、难以驾驭，无法准确定向，但本地人却能穿梭自如，熟谙家乡的独特城市结构和标记。这种街巷特点本身构成了邑人认同意识和归属感的重要组成部分。得益于方塔和辛峰亭空间制高标志，常熟古城街巷有意无意地透露出借景、对景的绝妙之处，即使在今天的街巷中，仍有县后街、东言子巷、兴福寺、吉祥弄、后辛巷和中巷对景方塔，引线街、含辉阁对景辛峰亭的存在。由此可见方塔、辛峰亭空间标志对街巷布局有着重要影响，实际上，它们也是古代常熟城内街巷收敛会聚的焦点。

七、昭明太子读书台

图7-1 读书台公园园门/上图

园外人烟稠密，尘世喧嚣，园内则是花草茂盛，树木葱茏、岩峻石秀，野趣盎然。园门横楣上所书“寻天然趣”，正是读书台意境的生动写照。

图7-2 读书台/下图

图7-3 读书台公园方亭石桌
一抹斜阳，透越景窗，恰到好处地映照到读书台公园方亭中石桌上。此景此境，使人们对昭明太子昔日那种甘于寂寞、伏案奋发的刻苦求知精神顿生景仰之情。

常熟文风昌盛始于何时，今虽确切难考，但与南朝梁昭明太子萧统的倡导和他在常熟的潜心治学密不可分。史书记载："自梁昭明太子萧统寓居虞山东麓，读书著述，遂开文学之风，一时饱学鸿儒史载不绝"（《常昭合志》）。萧统，字德施，南朝梁兰陵（今常州）人，武帝天监元年立为太子，谥昭明，世称昭明太子。他信佛能文，招聚贤人，曾遍览史书，编成《昭明文选》，对后世颇具影响。萧统昔日研习著述的重要地点之一，就是常熟的昭明太子读书台，即今天的书台公园。读书台位于古城区虞山东麓石梅街，与原游文书院毗邻，始建年代已不详。读书台高3.5米，南北14.6米，东西12.8米。台上有一卷棚顶方亭，为明弘治年间县令杨子器所建，嘉靖年间又重建。该亭正中壁嵌石刻“读书台”三字，系清乾隆八年（1743年）苏州知府觉罗雅尔哈善所书。亭右侧亦镶嵌石刻，上部为昭明太子像，下部为铭序，为明嘉靖十五年（1536年）邑人邓韨撰文并书。左侧石刻则为明嘉靖国子监祭酒陈寰篆额，副都御史陈察撰文并书《重修昭明太子读书台记》。亭中置大石台一张，旁设石凳、石台正面横端刻有《虞麓园记》，为清道光时倪良耀所书。

读书台是常熟著名古迹和游览胜地，系虞山十八景之一，曰“书台怀古”，亦称“书台积雪”。读书台入口有古香樟一株，龙蟠虬舞，姿态清奇，树下便是“寻天然趣”园门。整个园子占地仅六亩，小巧玲珑，典雅别致。园内路径以石阶依地形组织，迂回多变。园内树茂草深、岩峻石秀，且时易景变。每当冬日雪霏雾霁、登台远眺、银装素裹、品茗赏雪，令人心旷神怡，“书台积雪”由此得名。不仅如此，读书台园外还有园。外园以山景为主，视野所及，山势渐高，奇石嵯峨、自然分层，石壁镌刻有“山辉川媚”四字。读书台后尚有琴川河发源处“焦尾

图7-4 读书台公园雪景/对面页

“忽如一夜春风来，千树万树梨花开”，冬雪后的读书台银装素裹，分外妖娆，是历代文人墨客来此访古探幽，赏雪品茗的最佳时分。

泉”，泉旁有明代建筑“仓圣祠”、“巫咸祠”及“醒酒石”。其中仓圣祠乃是为纪念我国文字创始人仓颉而造，其正室今已易名“焦尾轩”，匾额为叶圣陶书写。

以建筑学眼光观之，读书台虽谈不上水平上乘，其用材设色亦简朴无华，但其好就好在顺乎自然、淡泊雅致、亦庄亦谐，以先贤石刻上“适可”二字概括至为恰当，从中折射出中国古时文人那种田园诗化的人生观。萧统虽为皇室钦定太子，却更是一位文化人。他走的是一条极具中国特色的寻根之路。也许他厌倦了宫内那种精致却冗繁的规范礼仪和政治舞台上的命运多舛，“最是文人不自由”。而世间的山山水水和自然人生却像一道诗意的光环感动着他。于是，他寻觅着精神的避难所，庄子找到了“无”，陶渊明“逃”到了田园，萧统则来到了常熟虞山峰麓，给今人留下先贤胜迹读书台。

八、齐梁古刹 兴福寺

图8-1 破龙涧/前页
兴福寺山门前的破龙涧从虞山上蜿蜒而下，每当大雨滂沱之后，山瀑奔腾、声若龙吟，回音空谷，佛门相传上古曾有黑白二龙在此厮斗，破涧成势，因名破龙涧。

“清晨入古寺，初日照高林。曲径通幽处，禅房花木深。山光悦鸟情，潭影空人心。万籁此俱寂，但余钟磬声。”唐代诗人常建游破山寺（即兴福寺）写下的不朽诗篇，描绘了古寺自晨至暮的景色变幻，具有高度的文学艺

图8-2a,b 兴福禅寺入口
掩映在一片茂林修竹之中的头山门天王殿，比例精美，用材硕大，设色强烈，是兴福寺空间序列的第一层次，入寺便由此开始。门头有匾额“兴福禅寺”，系当代著名书法家沙孟海手迹。

a

b（张振光 摄）

图8-3 兴福寺园景/上图

兴福寺寺中有园，园内有寺，一段折墙，几方花格漏窗，点缀以尺度相宜的竹石花草，表现步移景异、曲径通幽的江南园林艺术特色足矣！

图8-4 兴福寺西园/下图

兴福寺西园亦为寺中园，水池连片，经营时尤其注意了池与建筑在尺度上的匹配。石舫贴近池面，形式亲切自然，池边皆以黄石垒砌，高低错落，间植以竹草花木、自然成趣。

术价值。其后宋代著名书画家米芾又手书此诗，且被镌刻铭碑留寺，遂使寺庙名声大振，驰名远近，可谓“文因景传，景因文兴”。

兴福禅寺位于虞山北麓中部的天然小盆地上。寺庙背山而建，正门前破龙涧水纡曲而过，整个环境沓嶂四遮，山冈环抱、古木参天，幽静深邃。兴福寺初建于南朝齐始兴五年，里人郴州刺史倪德先捐宅为寺，取名“大慈寺”；梁大同三年（537年）修建大殿、殿后有巨石隆起，纹理暴突，左看如“兴”，右看若“福”，遂改名“兴福寺”。唐代“会昌灭法”时毁寺，大中年间复建，因寺居破龙涧下，故取名“破山寺”，唐咸通九年（868年），懿宗赐重680公斤大钟一口和“破山兴福寺”匾额一方，遂又成江南著名古刹之一。其后，兴福寺屡有兴废。宋元时期兴福寺一直都很兴旺，明嘉靖年间，倭寇犯境，寺院受到重创，直到万历年间，才又重整伽蓝，装点林苑，使古寺重又复兴，清代先后对寺庙进行了六次大修，保持了千年古刹的丰姿。今寺门有匾额“兴福禅寺”，系当代著名书法家沙孟海补书。“毘尼法界”，为明末清初江西布政使孙朝让所书。

禅寺建筑群，自南而北分为五列，并有东西两园。主体建筑均集中在中轴线上。其中，头山门为天王殿，硬山顶，广三间，外檐斗栱，每间施斗栱三朵，明间做抬梁造，线形柔美，用材较大，系清雍正十二年（1734年）住持侩通理重修。大雄宝殿为歇山顶，广

图8-5 半亭

兴福寺寺园中的这座半亭，虽看似寻常，但却供奉着兴福禅寺的镇寺之宝——宋代著名书画家米芾（南宫）所书常建咏破山寺诗篇的碑刻，是历代香客游人进寺拜谒览胜的必到之处。

五间，外檐斗栱五铺作，单杪单下昂，殿内为彻上露明造，四椽栿及金柱皆楠木制成。殿前壁嵌有明万历《重修破山寺记》石刻。天王殿东便是救虎阁，相传系五代后梁高侩彦偁救虎处，阁前有白莲池及伏虎桥遗迹。大雄宝殿东院内则有著名的米碑亭，亭中置米南宫（米芾）手书常少府（常建）咏破山寺诗石刻碑铭一方，书文并茂，雕刻甚工，为不可多得的艺术珍品。

兴福寺前广场两侧，原有唐尊胜陀罗尼经石幢；古树葱茏，郁郁苍苍，很好地烘托出兴福寺庄严肃穆气氛。该石幢八面均刻经文。一为平原陆机书，一为京兆全真书，现仅存其一。此外，尚有胜迹日照亭、空心亭、印心书屋、龙王殿、观音堂、破龙涧、罗汉桥、四高侩墓等。东西两园建筑则疏密有致，布局统一有序，并有曲径互通，其间有放生池、白莲池、空心潭、君子泉。这种与自然融为一体的布局，自为千年古寺增添了无限生机。由寺院环顾周围，则到处是修竹茂林、古木参天，自然景致极富层次。“树老禅房古，花幽曲径繁”，山光潭影、鸟语花香，飞檐凌空、曲廊环抱，每当清晓朝阳，山林古寺便晨雾缥缈，景色绝佳。“破山清晓”于是成为虞山十八景中著名一景。千百年来，多少人前来兴福寺进香膜拜，游览胜迹。一支远比任何历史上数量庞大的观光香客大军涌进了兴福寺，破了古寺历史上那种相对沉寂宁静和超凡脱俗的宗教环境氛围。

九、燕园

a

b

图9-1a,b 燕谷

燕园之假山“燕谷”，丘壑蜿蜒、峻岭清奇、盘环曲折、间以花草，乃晚清江南叠石高手戈裕良呕心沥血之作。

史书记述，常熟私家园林鼎盛时多达三十余处，但岁月沧桑，迭有兴废。就园本身艺术特色言，燕园当列常熟诸园之首。燕园位于古城辛峰巷灵公殿之西，又名燕谷园、张园。乾隆四十五年（1780年）福建台澎观察使兼学政蒋元枢，渡海遇险，回常熟后辟建园林，并取回常熟似“燕子归巢”之意，取名燕园。蒋氏家族多人出任清朝大臣，家世豪富，故筑园极其讲究。国内主景建筑有五艺堂、三婵娟室、天际归舟、冬荣老屋等，在园内筑湖石假山一座，形似群猴，人称“七十二猴闹天宫”，山上植白皮松一株，历数百年仍苍劲挺拔。燕园后为其族侄蒋因培所经营，增筑“赏诗阁”，并特邀江南叠山名师戈裕良，用虞山黄石叠成“燕谷”假山一座，将虞山剑门奇景缩于园内，且洞壑中有清澈水流，如同真山幽谷一般。至光绪年间，外务部张鸿购得此园，大加修葺，并易名“张园”，张因此而自号“燕谷老人”。张鸿乃晚清著名文人，他所撰名著《续孽海花》就在此园完成。

图9-2 燕园内景

苍老遒劲的白皮松，至今幸存，它是燕园饱经沧桑、几度风雨的历史见证，绿转廊用材、体量、设色恰当得体，不失古朴自然之趣，在此不难追忆燕园当年的绰约风姿。

燕园诸景中，最具艺术价值和魅力的是“燕谷”，是当时著名叠石家戈裕良所做。戈裕良运石为笔，犹如画家大胆落笔、小心收拾的叠石处理手法。戈氏尝论苏州狮子林，“石洞皆界以条石，不算名手……不用条石易于倾颓奈何?”故戈氏在“燕谷”创作中，尝试采用了石拱桥券原理，用大小石块环上勾搭，并以大块竖石为骨架，以斧劈小石缀补，施以挑、吊、压、叠、拼、嵌、镶诸法，遂使“燕谷”假山达到了涧谷洞壑，岗峦起伏，纹理自然、宛转多姿的叠石艺术效果，向与苏州环秀山庄、扬州“小盘谷”、如皋“文园”齐名，正是“片山有致，寸石生情”（《园冶》）。戈裕良一生所叠多为湖石，而燕园部分采用的是虞山黄石，故尤为珍贵。

光阴荏苒，岁月如梭。燕园历经盛衰荣败，屡易园主，建筑亦屡有兴废。园内原有的“十愿楼”、“涵春坞”、“梅屋”、“诗境”等十六景，今已部分损坏废圮，但“燕谷”假山石保存完好。20世纪80年代修复了三婵娟室（四面厅）、伫秋、荷池、绿转廊、童初仙馆等建筑，毗邻的灵公殿、太平天国戏楼亦尚完整，白皮松、广玉兰、古桂树亦幸存。进入90年代，邑人对燕园保护和全面修复给予了更大的关注和期望，该园现为江苏省省级文物保护单位。

图9-3 三婵娟室

近年修复的三婵娟室（四面厅）、长廊和伫秋，发挥了古迹维护“务虚”之精神，使建筑物增加了观赏体验的可信度，近前——数丛花卉，几缕新绿，很好地陪衬了空灵巧秀的园中屋宇，仿佛也使人看到了燕园的新生。

十、『小辋川』遗迹

——赵园、曾园

私家园林是江南建筑艺术中的一朵奇葩。常熟历史上的私家园林均属中小型的文人园。最早见于史籍记载的园林是春秋吴王夫差所筑之“梧桐园”，又名“鸣琴川”。至宋代，治园已成为一代乡宦退隐自娱之时尚。宋代周虎在虞山南麓筑“露台山居”，迨明代，造园已蔚成风气，御史钱岱依唐诗人王维“辋川别业”为蓝本，筑著名文人园“小辋川”，借景虞山，山水一体，今赵园、曾园均为其遗址。

一般私家园林为了获取“壶中天地，小中见大”的艺术境界，大多以水面为中心，周边环以建筑布置，以加强向心内聚感觉。然而，在特定的环境中，布局手法也可另辟蹊径。大片水面坦荡平远，故临水既可近观，又可凭栏远眺，巧借园外之景。常熟明代名园“小辋川”（即今赵园、曾园）就是既以水面为中心，又借景虞山，而施以开放式空间布局的园林范例。考“小辋川”地理位置，“在西城九万圩，西偏城河，自南关依城址直西，至

图10-1 赵园之“殿春”长廊
长廊面池依墙而筑，长达数十米，中置方形及八角台榭各一，墙外老柳盈堤，偃卧坡上，凭栏北眺，使游客人未游山而心已遐想神驰，园内外之分不觉之中荡然无存。

此而缭绕回环，中多曲港，方丈为清，园之为沼”（《虞阳说苑·笔梦》）。历史上“小辋川”风光绮丽，《虞山胜地纪略》谓：“枕西部园池，纡矿奇石佳药，虚亭邃阁，委曲映带，极林泉之盛……殿桥横跨，四顾山色空蒙，湖光潋滟，帆樯出没、箫鼓盈途”，可见“小辋川”借景虞山、得天然趣，深得中国古典园林经营布局之真谛。清代常熟名园赵园，即“水吾园”；曾园，即“虚廓园”，均是在“小辋川”遗迹基础上经营发展而来，至今仍保持相当规模。

图10-2 曾园主景

曾园主景颇具含蓄之美，一方清池，环以亭榭屋宇，垂柳依依，山石隽秀，建筑连廊衔接有致，虚实相间，用色对比而又在整体上归于江南民居的统一格调。

赵园位于城西南翁府前，前临九万圩，并与曾园为邻。原为明万历监察御史钱岱所有。清嘉庆、道光间为吴峻基所有，名“水吾园”。清同治、光绪年间阳湖赵烈文购此园，易名为“赵吾园”，并建筑天放楼、能静居、柳风桥、梅泉志胜及假山两座，榜其门曰“静圃”。民国后园归常州盛氏，复舍之予常州天宁寺为下院，故又更名为“宁静莲社”。赵园以水景取胜，回廊曲桥，亭树点缀，建筑景点环池而构，参差错落，布置得宜。从南向北，全园大致可分为四个景区。第一区以三进院落的能静居为体，向西贯以长廊，名“先春”，廊中设榭及石制几案。又西侧北面以经堂五间，直西长廊名“殿春”，折而向北，依围墙而筑。由能静居向东北为第二区，系“似舫”与“梅泉志胜”区，石舫北面临水，舫南有老柳数株，名“舫栖浪”，旁筑湖石假山一座，俊秀多姿，折东又见黄石假山一座，平冈低坡，上亭已废，仅余石井栏及松柏三株，名“梅泉”，即“梅泉志胜”，为钱氏“小辋川”遗物。人立石舫，北望虞山峰峦叠翠，蔚然深秀，山光水色融为一体。园西长廊则为长虹卧波，倒映池中，每当风雨迷蒙，西山云雾缭绕，不啻一幅泼墨山水画。第三区为中心水池，池上筑九曲石桥，南通石舫，北达临池水岛，波光桥影，诗情画意，皆蕴其中。再往北为第四区，现存构筑精致的柳风桥，通西侧涉水长廊，城内之水由此桥入，名“静溪”，溪北即为著名的“天放楼”，为赵烈文藏书处，溪南即为通九曲桥之十岛假山。至此，全园已贯通一体。

曾园，即“虚廓园”，亦为“小辋川”遗迹。它前临九万圩，为清刑部郎中曾之撰所建，习称“曾家花园”，园内以清池为中心，凿池

图10-3 败兴的住宅楼/左图

人们得到了他们想要的，却又失去他们拥有的。昔日“小辋川”之繁盛，今已难觅，曾园环境近年遭到了“建设性破坏”，园墙外突兀的住宅楼，难道一定要盖在此处吗？

图10-4 亭桥（张振光 摄）/右图

曾园内绿色成荫，亭榭交错，宽大的水面上曲桥似浮于碧水之上，胜似人间仙境。

构屋，巧架木榭，累叠假山，小桥流水，古树翠竹，四时景异。加之远山衬托，布置十分得体。曾园现存“虚廓村居”、“君子长生室”、“寿而康室”、“归耕课读庐”、“邀月轩”、“水天闲话”诸景。入园即一池，其活水从城河引入，环池有黄石假山，号“小有天”，山巅筑亭，山下有“盘矶”，镌刻“虚廓子濯足处”。东西砌围廊，壁嵌《勉耘先生归耕图》、《山庄课读图》两部石刻，并有李鸿章、翁同龢等书法石刻。池内植莲、架木栏红桥。清末民初著名小说家曾朴曾寓居此园多年，曾氏文笔流畅，著述颇丰，尤擅小说，所作《孽海花》、《鲁男子》均在此园构思完成。

赵园、曾园现属苏州师范专科学校。经邑人多方奔走协力，学校已决定迁出。水面亦正在清理复原，待两园水池接通，“小辋川”诸景再现之日，它们将重新合而为一，成为常熟规模最大的明清私家园林。

图10-5 “虚廓村居”
“虚廓村居”为清代翁同龢所题。

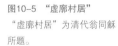

十一、翁氏故居与明代江南包袱彩画

图11-1 翁同龢故居
翁同龢故居是一所典型的江南风格的官绅住宅。气氛宁静而安详的庭院，装饰简繁适度的砖雕门楼，做工精到、素雅不俗的屋宇，处处流露出主人的审美趣味和生活态度。

走在常熟的小巷里，目光扫视着探过粉墙的青蕉翠竹，聆听着走过青石板时发出的笃笃声，人们不禁产生一种怀着拜谒先贤的愿望。“翁家巷门”的翁同龢故居便是游者必到之处。翁同龢（1830—1904年），字声甫，号叔平，别号天放闲人，出身世宦。清咸丰六年（1856年），一甲第一名进士及第，授修撰。他先后为同治、光绪两代帝师，历任刑部、工部、户部尚书，协办大学士，总理各国事务大臣等职。在中法战争、甲午中日之战中，他力主抵御外侮，反对求和，后举荐康有为支持“百日维新”，是一位忠贞爱国的政治家。变法失败后被慈禧削职返籍，光绪三十年卒于里第。他还以平反了有名的“杨乃武与小白菜”冤案而享誉民间。

翁氏故居共五进，其中轴线上第三进即是著名的彩衣堂。彩衣堂是一座三开间、九架梁椽的大厅，面阔14.98米，进深14.03米，明间梁架结构为抬梁式，山墙梁架结构为穿斗式，

用月梁，整个大木做法与苏南地区明代中、晚期大木作特征相吻合。

据县志记载，该宅在明弘治、正统年间为本邑大户桑氏所有，堂初名“桑桂”，后易“丛桂”。至隆庆、万历属严征。自清道光十三年（1833年）以后，该宅归大学士翁心存（翁同龢之父）所有，现大厅匾额“彩衣堂”乃清嘉庆时苏州巡抚陈鉴为翁心存母祝寿时所书，清末翁同龢曾在此居住。彩衣堂留存至今最值珍贵之处为堂内梁、枋、檩等构件上的包袱彩画，总计116幅，连同山墙壁板，檩垫板等处的彩画，总面积约有150平方米，且基本保持完好。从实物看，彩衣堂彩画图案有喜上眉梢、鹤鹿同春、麒麟松枝等，额枋彩绘箍头

图11-2 彩衣堂

虽人去堂空，但彩衣堂昔日一定是高朋满座、谈笑皆鸿儒的场所。从大厅布局、梁架规制和雕梁画栋的精致装饰，犹可追摹当年翁同龢地位之显赫。

做旋子退晕，其彩画等级及艺术水平之高，均与主人地位相符。按包袱形式分类，又可分为三种。第一是对角包袱，这类包袱主要又有上裹和下搭两种，主要绘制在檩条和部分梁上，柱头彩画亦属此类形式。第二是矩形包袱，即包袱与构件纵轴线成正交，其主要分布在梁枋上。第三种是复合包袱，即是在同一构件上将对角包袱裹搭在矩形包袱上，其为数不多，主要分布在梁上和檩上。按构图形式分，亦可分为三类。第一类梁是纯包袱彩画；第二类是全构图包袱彩画，集中在内、外额枋上；第三类是仿宫式彩画，其构图形式与宋《营造法式》彩画做的构图形式较为接近，这类彩画分布在山墙梁架的梁枋上。纵观彩衣堂之彩画，有以下特色：

1.彩衣堂彩画系“上五彩”。江南彩画依等级不同有上五彩、中五彩、下五彩之分。其中唯上五彩沥粉后补金线（中五彩施白粉线，下五彩施黑线收边），彩衣堂彩画不仅金线沥粉，且四椽袱底贴金，在枋心包袱锦，花饰相间处用青绿点金，可见等级极高。

2.细部处理生动，采用图案等级较高。如四椽栿明间“罗地龟文”的二栿上堆塑狮子，次间则绘有云朵和龙纹。

3.色彩等级高而不奢华。其使用的主要色彩有：朱红、藤黄、赭、紫以及螺青、黑、白色等，金的用量不在少数，如金线、金龙、金鹤、金云、点金花卉等。整个色彩呈灰色基

图11-3 包袱彩画

古朴素雅而又不失华贵，内容多样而不失统一，使翁氏彩衣堂包袱彩画具有无可替代的传世价值。匾额上“彩衣堂”字迹虽斑驳零落，但仍显简练凝重、功力不凡。

调，木表不饰彩，表现出主人的地位及淡雅的文人情趣。

江南包袱彩画是一种非常独特的建筑艺术。彩衣堂彩画包袱种类之丰富、图案之古朴、色彩之素雅，堪称江南包袱彩画中的典范之作，对研究明代的建筑彩画具有重要价值。

翁氏故居及彩衣堂曾一度挪作他用。1982年列为省级文物保护单位。1991年在此成立“翁同龢纪念馆”。

十二、结语

图12-1 名人纪念馆/上图

近年落成的常熟名人纪念馆，运用传略、图表、蜡像、实物等展出内容，俾使来者直面贤哲、鉴古知今、继往开来，弘扬了传统的尊名士、重大贤的邑里古风。

图12-2 跨山城墙/下图

历经沧桑、屡次毁坍的跨山城墙，在近年重现当年雄姿。为此，营建者曾倾全力回收散落民间的旧城砖，加之各方合力，政通人和，终于成就今天的补阙之作。

图12-3 虞山公园

虞山十八景中“普仁秋爽”景点所在地虞山公园，依山傍城而建，景观随地形而变化，亭榭小品错落有致，间以林木花草，荷池泉石，是为今人闲暇游憩胜地。

常熟古城曾经有一个辉煌的过去。但是由于远离铁路线，又无海运之便，所以在近现代她逐渐衰退了。这种局面直到20世纪70年代末才被打破。近十年来，常熟经济发展一直名列前茅，城市建设亦步入正轨，是国家历史文化名城。保护改造老城区和美化风景区已经作为城市发展的重要方针。

常熟的自然山水与城市交融一体的格局也将被保存下来，她将以老树新花的姿态迎接四面八方的游人。

图12-4 梅园宾馆/上图

即使是今天的新建筑，只要规模合适、功能允许，传统风貌和情调仍然为邑人所青睐。近年落成的梅园宾馆，既有迎来送往的功能，又不啻是一处新的江南园林景致。

图12-5 城东新区/下图

从枫泾看城东新区，一座座高楼大厦拔地而起，它们与古城既对比，又相得益彰。时间梯度留下的物质印痕是任何城市演进中所无法避免的历史现象，常熟亦然。

大事年表

朝代	年号	公元纪年	大事记
商末			周族古公亶父之子泰伯、仲雍（虞仲）自陕西周原让国南来，建立勾吴。仲雍殁后留葬虞山
西汉			在常熟地方建虞乡，隶会稽郡吴县
西晋	太康四年	283年	以虞乡建立海虞县，县治设海虞城（今虞山镇）
梁	大同六年	540年	南沙县地置常熟县，县治设南沙城（今福山镇），是为常熟县名之始
唐	武德七年	624年	常熟县治移至海虞城
南宋	建炎四年	1130年	常熟城内始建崇教兴福寺宝塔，至咸淳八年（1272年）建成
元	至正年间	1341—1368年	常熟筑城，建水陆城门十一座
	至正二十三年	1363年	常熟知州卢镇修县志，成《重修琴川志》十五卷，图一卷
明	嘉靖三十二年	1553年	知县王铁集资修筑城垣以抗倭寇，六月动工，历五月毕，建城门七座
	万历二十二年	1594年	知县张集义于城墙上增城障，加女墙，筑马路
清	雍正四年	1726年	析常熟县东境置昭文县，两县同城分治
	咸丰六年	1856年	邑人翁同龢考中状元
	光绪二十九年	1903年	原翰林院编修庞鸿文等受聘修《常昭合志》，成书四十八卷
中华民国	24年	1935年	6月，近代著名文学家、翻译家曾朴病逝，同年8月，锡沪公路，苏（州）常（熟）公路竣工通车

朝代	年号	公元纪年	大事记
中华人民共和国		1956年	江苏省公布第一批文物保护单位，常熟有仲雍墓、言子墓等处
		1969年	5月，县内尚湖围垦竣工，造田1万余亩
		1977年	10月，梁昭明太子（萧统）读书台古迹，经修缮后辟为书台公园
		1983年	12月，市文管会与南京博物院考古部在市境内发现5000年前崧泽文化遗物
		1985年	7月，市政府举行尚湖退田还湖放水典礼。放水面积为8平方公里；同年10月，齐梁古刹兴福禅寺经重修寺舍和塑造佛像后竣工
		1986年	2月，清协办大学士，同治、光绪两代帝师翁同龢故居彩衣堂修整竣工
		1987年	7月，林业部批准常熟市建立江苏省虞山森林公园

“中国精致建筑100”总编辑出版委员会

图书在版编目（CIP）数据

古城常熟／王建国撰文／王建国等摄影．—北京：中国建筑工业出版社，2014.6
（中国精致建筑100）
ISBN 978-7-112-16628-2

Ⅰ．①古… Ⅱ．①王… ②王… Ⅲ．①古城–建筑艺术–常熟市–图集 Ⅳ．① TU–092.2

中国版本图书馆CIP 数据核字（2014）第057554号

责任编辑：董苏华 张惠珍 李 婧 孙立波
技术编辑：李建云 赵子宽
图片编辑：张振光
美术编辑：赵 清 康 羽
书籍设计：瀚清堂·赵 清 周伟伟 康 羽
责任校对：张慧丽 陈晶晶 关 健
图文统筹：廖晓明 孙 梅 骆毓华
责任印制：郭希增 臧红心
材料统筹：方承艺

中国精致建筑100

古城常熟

王建国 撰文/王建国 高 鹏 摄影

中国建筑工业出版社出版、发行（北京西郊百万庄）
各地新华书店、建筑书店经销
南京瀚清堂设计有限公司制版
北京顺诚彩色印刷有限公司印刷

开本：889×710 毫米 1/32 印张：3 插页：1 字数：125 千字
2016年10月第一版 2016年10月第一次印刷
定价：**48.00**元
ISBN 978-7-112-16628-2
（24383）